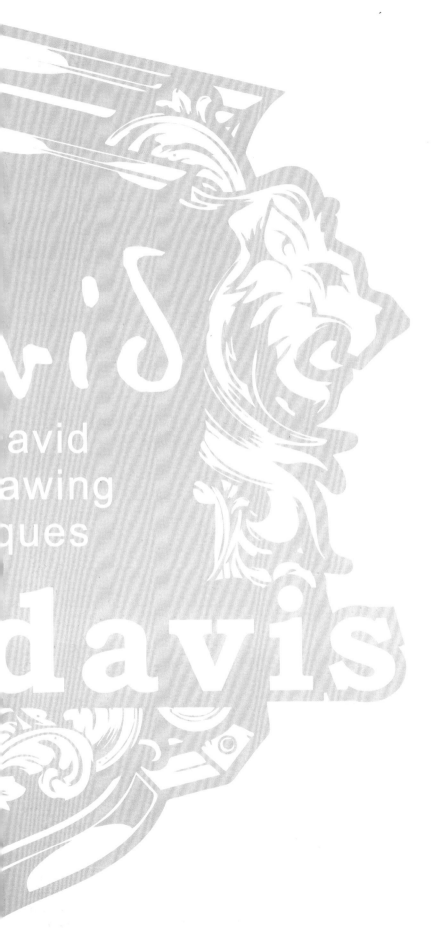

陈红卫手绘表现技法

Chenhongwei Shouhui Biaoxian Jifa

陈红卫 著　　修订版

U0377705

东华大学 出版社·上海

图书在版编目（CIP）数据

陈红卫手绘表现技法/陈红卫著．—修订本．—上海：东华大学出版社，2018.1

ISBN　978-7-5669-1344-9

Ⅰ．陈…　Ⅱ．陈…　Ⅲ．建筑艺术-绘画技法　Ⅳ．①TU204.11

中国版本图书馆CIP数据核字（2017）第322157号

责任编辑　谢　未
装帧设计　魏华中　王　丽

陈红卫手绘表现技法（修订版）
Chenhongwei Shouhui Biaoxian Jifa

著　　者：陈红卫
出　　版：东华大学出版社
（上海市延安西路1882号　邮政编码：200051）
出版社网址：dhupress.dhu.edu.cn
天猫旗舰店：http://dhdx.tmall.com
营销中心：021-62193056　62373056　62379558
印　　刷：深圳市彩之欣印刷有限公司
开　　本：787mm×1092mm　1/12
印　　张：9.666
字　　数：348千字
版　　次：2018年1月第2版
印　　次：2018年1月第1次印刷
书　　号：ISBN 978-7-5669-1344-9
定　　价：59.80元

SETSAIL

手 绘 艺 术 之 旅 开 始 启 航 Let's go

David

陈红卫

1972年生。自1995年毕业至今一直从事室内设计工作，现为陈红卫设计工作室负责人，江西美术专修学院副校长，庐山手绘艺术特训营总督学。

出版个人著作《手绘效果图典藏》《观空间》《手绘名家作品集》《陈红卫手绘表现》《手绘之旅——陈红卫手绘表现2》《手绘课堂》等。多次应邀在国内外相关专业院校讲学和开展学术交流活动。曾游历欧洲、美洲、东南亚等各国写生考察。

大美非景
—艺术手绘启航前言—
Foreword of Hand Drawing Elegance

宇宙之神秘莫测皆因我们知之甚少，它的一切应是十分自然而然的！

大美之神奇难得，是因我们思之甚少，她也许就存在于芸芸众生心灵之中！大自然景观很美丽，这种美可见，因而能轻而易举地被人们感知到！更高境界的美是大美　老子："大音希声，大象无形。"大美非景！空间艺术滋养人性，其艺术大美也无形！音乐无形，音乐非景，音乐是具大美的艺术。艺术大美令人神往　人们渴求空间艺术大美的滋润。

看当下趋势——疯狂的数码时代将促成这种大美艺术时代的到来！一直响当当的"艺术三杰"（达·芬奇等）名头在这个非常艺术时代将不再芬芳，曾经的西方文艺复兴基本上是空间艺术表象的复兴，数字化非常艺术时代将要出现的是大美艺术明星、成千上万的达·芬奇、米开朗其罗　　！

令人堪忧的是数字化时代又似乎让艺术追求者们变得慵懒。数字化给我们的确带来了极大的便利。对于空间艺术设计界，借助因特网实现了资源共享，要了解表象世界随手可及。一台电脑，网线（卡）一接，键盘一敲，马上就能网罗应有尽有的景观图片及相关文字资料。有了网络系统，几乎有了全世界图书馆的资料　　秀才不出门尽知天下事！数字化使人们视野变得宽阔，可相互学习交流，人人世界通，世界人人通。这大概就是所谓没有做不到，只有想不到！

这种易得到底是喜，还是悲，亦或是忧？它带来的是艺术更光明的一面，还是中世纪般黑暗或昏暗的一面？艺术世界真的变得零距离？艺术人真可以足不出户尽知天下艺术事？

艺术成于思而毁于随！艺术设计人仅运筹于人机对话终究难成大美艺术正果。事实上，除少数道行高的艺术哲人之外，我们大多数人都很难从一张景观图片领悟到艺术之真谛，也难从一个饰品领悟到其艺术之精华，更别说想从短短的只言片语中得到多少艺术之启迪了。上帝创造了艺术，其艺术之真实不全在可见的视觉范围。艺术的面很广，除空间装饰、雕塑、书画、音乐等外，棋艺也是艺术，是艺术之另类。高超棋手了然下笔泼墨无形，艺术情操影响布局，艺术思维构成于棋盘时空中，直至艺术般震撼观棋者心灵。大美非景，棋艺之美是大美！大美艺术如琴音之艺术（音乐艺术）的存在多不以人的意志而存在。时间是客观存在，温度是客观存在，宇宙间能量是客观存在，音乐包括琴音都具客观性。阿炳的《二泉映月》也是一种客观存在的反映，即便当年没有阿炳拉出《二泉映月》，迟早会有人拉出《二泉映月》的琴音来，其主体灵魂本来存在于某种自然时空中，创作出它只是时间问题。就像远古之人谁见过地中海、阿尔卑斯山、亚玛逊河、庐山老别墅艺术等，这些东西不存在？艺术具有这种时空般的客观性！阿炳的《二泉映月》是了不起的音乐艺术，贝多芬的《命运交响曲》是了不起的音乐艺术，音乐艺术是大美。这些艺术大作本存在于天地之间，只不过被阿炳和贝多芬他们在特定环境与心境中悟得，并借以人之艺术化而把它展现给世人。

天地间（天籁、地籁、人籁）仙乐飘荡，空间艺术也同样源远无尽头。空间艺术之灵魂、艺术之真谛在景观图片（即使是自拍的照片）中是绝对难以全部被感受到的。老子曰："人法地、地法天、天法道、道法自然，"艺术法自然！石涛的"搜尽奇峰打草稿"，毛泽东的"艺术源于生活高于生活"都给我们以启示。艺术大美很大部分是要靠六觉中的心觉去反复感受，需要艺术人走进自然，深入社会，感受生活，而后才能谈到艺术之创作。我们得承认艺术也是能被部分创作出的，但这种创作需建立在艺术修养、艺术灵感，以及艺术创作实践的基础之上。鉴于此，我们推动手绘之旅，先用20年推动艺术界后起之秀、艺术新人走进自然、深入民间、远足巴黎画遍世界，认知世界，进而感知艺术世界！由艺术表象慢慢深入艺术大美王国。每次手绘之旅成果力求独特，都及时编印成册出版，以激励后继者奋发图强！

随着互联网深入我们生活的每个细节，给我们带来了更多时间与空间上的便利性，让我们在短时间、零距离内了解更多、更好的资讯，但必须谨记：只有深入真正的自然艺术时空中去感受艺术内在的大美，将数字化的外在景观世界与这个内在世界结合、交流、互融，才能使我们进入一个健康的艺术创作时代！

大美非景，让美丽的大自然真正融入我们的灵魂吧！

余工　2008年4月6日初于写生地瑶里

PREFACE

建筑草图、设计草图的产生及发展，完全是出于设计本身的需要。建筑和设计需要美术手段来表达设计师的意图，人们的鉴赏能力也需要美术训练来提高。绘画与设计，历来不可分割，在设计工作中，徒手画作为搜集资料、表达设计构思的重要手段，更是设计师必备的技能。

随着时代的发展、社会的进步、大众审美水平的提高，人们对建筑空间的设计提出更多、更新的要求，设计师也面临新的挑战。近年来，随着电脑的普及，精美逼真的电脑效果图逐渐取代了手绘效果图，设计师们手中的喷枪、钢笔也变成了键盘、鼠标。但无论电脑还是手绘，都是设计师的工具，不可偏废。好的设计师不会拒绝新工具，但是他所选择的工具必须是为设计服务。前些年，国内外不少建筑设计师认为电脑设计终将取代手绘，全新的视觉训练方式将取代传统的美术训练。但长期的设计实践经验告诉我们：手绘草图在表达设计构思、捕捉瞬间灵感时有着电脑无可比拟的优势。一名设计师审美能力的提高更是离不开长期的艺术积累，而艺术积累的最佳手段就是草图训练。事实上，近年来国内外不少设计院校纷纷加大了徒手表现的课时；一些比较高端的设计机构也转而青睐手绘图纸，认为手绘更能直接反映设计师的设计理念和设计师的真实水平。手绘正在设计界刮起复兴之风！

从业十余年，我从未放弃对手绘艺术的探索。表现风格也由单纯的效果图表现转变为随意的徒手风格，手绘的作用也由效果图表现还原到它最初的使命：设计构思的表达。《手绘效果图典藏》《观空间》《陈红卫手绘表现》等书的出版，得到了广大读者的支持和认可，在此深表谢意！我深知自己还存在很多不足，一直在学习、探索新的表现形式。本书就是我最新的探索成果，希望这本书能为手绘艺术的发展尽绵薄之力。

陈红卫于2017年11月

目录 CONTENTS

01

陈红卫手绘表现技法

Chen David Hand Drawing Techniques

手绘图的表现分类

Classification of Free Hand Drawing

一、黑白稿表现

　　黑白稿表现首先要注意画面远近关系的虚实对比，没有虚实对比就没有空间感。视觉上远处的物体是虚的，所以远处的物体要少刻画,甚至不刻画它的明暗关系；而近处的物体相对要深入些。其次是画面的黑白灰关系，通过明暗对比，使表现对象立体感强烈，结构鲜明。最后还要注意画面中线条变化的对比，如空间结构线和硬性材质线要借助工具画，而丝织物、饰品等要徒手画。徒手草图就不这么严谨了，它是设计创意的快速表达。

二、彩铅表现

　　彩色铅笔是手绘表现中常用的工具。彩铅的优势在于画面细节处理上，如灯光色彩的过渡、材质的纹理表现等。但因其颗粒感较强，对于光滑质感的表现稍差，如玻璃、石材、亮面漆等。使用彩铅作画时要注意空间感的处理和材质的准确表达，避免画面太艳或太灰。由于彩铅色彩叠加次数多了画面会发腻，所以用色要准确、下笔要果断。尽量一遍达到画面所需要的大效果，然后再深入调整刻画细部。

2013.3.31

三、马克笔表现

1. 油性马克笔

　　油性马克笔也是手绘表现中常用的工具。它的色彩透明度很好，便于大场景的表现和光滑质感的刻画。但由于马克笔笔触单调且不便于修改，对细节以及材料的质感表现难以深入。如果配合彩色铅笔使用，取长补短，画面表现力将大大增强。

2. 水性马克笔

　　水性马克笔刻画细节比油性马克笔有优势，但使用起来较难把握。作画过程中水分蒸发后色彩会发生变化，笔触多次叠加颜色会变浊；在较薄的纸张上更难把握。水性马克笔表现技法和油性马克笔基本一致。

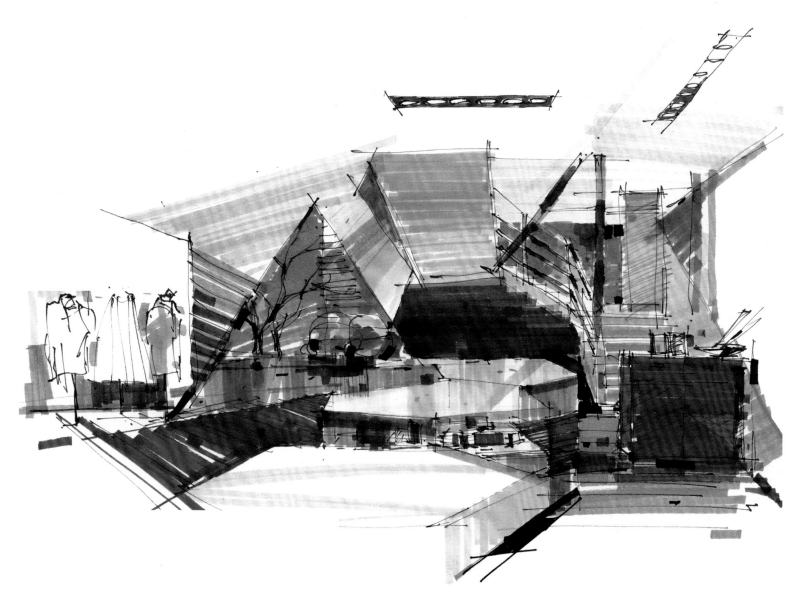

DAVID 陈红卫手绘表现技法
CHEN DAVID HAND DRAWING TECHNIQUES

四、水彩表现

水彩表现效果具有色彩变化丰富细腻、轻快透明、易于营造光感层次和氛围渲染等优势；且材料廉价易得，技法简单易学，绘制便捷快速，尤其适宜与其他工具材料的结合使用。

　　作为一种设计表现形式，水彩快速表现明显有别于水彩绘画艺术，它只是借助水彩颜料和部分水彩画技法表达和传递设计理念，其本源目的仍然是设计思想的理性表达，侧重于空间结构与材质的表现；而不完全是水彩绘画艺术侧重的感性艺术欣赏；所以水彩表现并不一定要求严谨深入地探究纯艺术水彩绘画的概念性和学术性；尤其在实际表现过程中，钢笔、彩色铅笔，甚至马克笔等工具材料的结合使用，越发淡化了纯粹水彩画的概念，使其成为了独具特色的"水彩设计表现图"。

五、黑白稿加电脑处理

黑白稿加电脑处理方式主要有两种：一种方法是先完成空间大结构线，然后通过电脑拼贴一些平时积累的手绘素材，如家具、饰品等；另一种方法是画出详细的结构线，然后用Photoshop喷色，来表达空间材质质感与光影效果。这两种方法都很快捷，在实际工作中非常实用。

DAVID | 陈红卫手绘表现技法
CHEN DAVID HAND DRAWING TECHNIQUES

六、水粉喷笔表现

　　水粉喷笔具有很强的表现力。无论是灯光效果、空间效果还是材质的质感，都能表现得很真实。但随着表现力更为逼真的电脑效果图的普及，水粉喷笔效果图逐渐被人遗忘。水粉喷笔表现需要创作者有很扎实的美术功底和较强的审美能力。大概表现步骤是先用喷笔布色，绘出大色调（使用不干胶贴纸遮挡不需喷色部分），然后用平头笔和勾线笔刻画细节，最后整体调整画面。水粉表现是由深到浅（提亮）叠加深入，与水彩表现步骤相反。

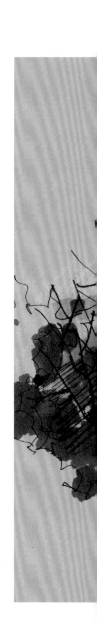

七、马克笔加色粉表现

这两种工具结合使用适合在有色纸上表现。因为色纸相当于已有了中间层次，只需马克笔加深和色粉提亮即可，黑白灰调子比较容易把握。也可利用马克笔结合彩铅使用，但彩铅覆盖力弱于色粉。马克笔的色彩在色纸上纯度会有所降低，视觉效果更稳重。

Chen David Hand Drawing Techniques

马克笔表现技法解析

Analysis of marker drawing techniques

一、马克笔的特性

油性马克笔以二甲苯（或医用酒精）为颜料溶剂，具有色彩透明度高、易挥发的特性。一支笔用不了多久就会干涩，此时注入适量溶剂仍可继续使用。马克笔色彩相对比较稳定，但也不宜久放，作品最好及时扫描存盘。另外马克笔不可调色，所以选购笔时颜色多多益善，特别是灰色系和复合色系。纯度很高的色彩多用以点缀画面效果，建议少买些，可用彩铅代替。

马克笔表现与水彩表现的技法接近，也分干画和湿画，步骤多以深色叠加浅色，否则浅色会稀释深色而使画面变脏。但有时也需要由浅色叠加深色形成溶色效果。同一支马克笔每叠加一遍色彩就会加重一级（三遍后就基本没变化了）。应尽量避免不同色系的笔大面积叠加，如黄和蓝、红和蓝、暖灰和冷灰等，否则色彩会变浊，且显得很脏。

A. 干画指底色干透再叠加，这时有明显的笔触效果，多表现特殊质感纹理和硬性材质的光感、倒影等。

B. 湿画指底色未干时紧接着画第二遍，两种色彩有相溶效果，没有生硬的笔触感。浅色叠加深色时，融合会更自然，更细腻。

二、马克笔的笔法

1. 直线

　　直线在马克笔表现中是技法基础，也是较难掌握的笔法，所以马克笔画应从直线练习开始。画直线下笔要果断，起笔、运笔、收笔的力度要均匀。

　　不同比例的面要有不同的排列方式。如果高和宽的比例超过2：1，要横线排列；如果宽和高的比例超过2：1，则要竖线排列；正方形可竖排、横排，也可交叉排列。

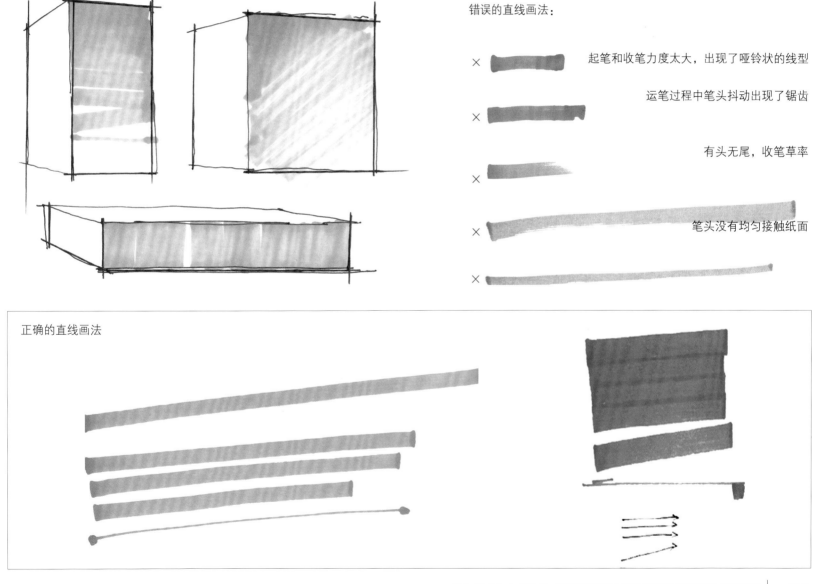

错误的直线画法：

× 起笔和收笔力度太大，出现了哑铃状的线型

× 运笔过程中笔头抖动出现了锯齿

× 有头无尾，收笔草率

× 笔头没有均匀接触纸面

×

正确的直线画法

2. 循环重叠笔法

　　一幅画中的物体表现如果全是直线笔触，画面就会显得很僵，整体感较弱。明显的笔触可以丰富画面效果，使画面不至于呆板。但画面还应以大块面的色彩来表现。循环重叠笔法在作品中使用最多，它能产生丰富自然且多变的微妙效果。如大面积的布色、物体的阴影部分、玻璃、丝织物、水等质感的表现。

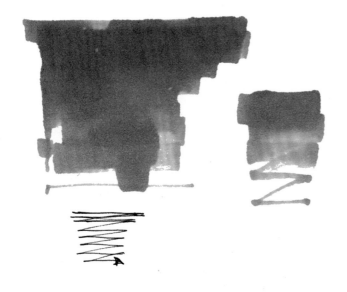

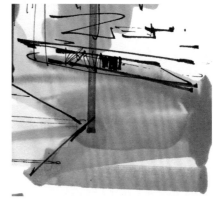

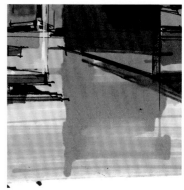

3. 点的组合

　　将点进行组合的笔法多用于树叶与投影的表现，有时刻画一些毛面质感的明暗过渡也会用到。这种笔法充分利用笔头的结构，根据效果需要灵活调整笔头角度，表现出丰富的效果。

4. 笔法练习

　　手绘图表现无论是用马克笔、彩铅，还是水彩，只是工具的不同，空间处理手法都是一样的，都是主要表现结构图形的质感和光感。

　　练习马克笔表现图，首先要熟悉笔性和掌握笔感。单色快速草图法是一种很好的训练方法，既能训练马克笔的笔感技巧，又能提升空间感的表现力。

　　可以选择不同的单体和空间来练习，放松心态，不要拘谨，如下图。

三、技法要领与画面效果的处理

1. 用笔

　　画面中鲜艳的颜色一定不要一支笔平涂，要注意过渡，如果复合色较少，可借助彩铅，否则画面很容易失去活力。有时寥寥几笔就能说明材质色相，如下图中墙面的黄色。

　　另外，马克笔表现图还要注意，无论是墙面、地面，还是天花，一定要按透视线的方向运笔。一点透视地面和天花运笔方向和视平线平行，墙面可以按消失点方向运笔，也可垂直运笔。两点透视的地面和天花运笔，可向室内的消失点方向，也可向室外的消失点方向，多采用后者。墙面可以按室内消失点方向运笔，也可垂直运笔。

2. 虚实过渡

　　严谨的马克笔表现图要注意到每个面的虚实过渡变化，哪怕是最小的饰品。大体块的天花、墙面和地面是空间感的重要体现部位，可从远到近深浅过渡，也可从近到远过渡，结合画面场景氛围和画面需要综合考虑，灵活处理。墙面和物体的立面还要注意上下的过渡，此时要根据光源来确定：受光面是上浅下深过渡，背光面则刚好相反。

3. 黑色材质

  黑色材质的表现比较难把握。黑色材质受光和环境影响同样会产生变化，如强反射的喷漆玻璃、亮光漆、金属和石材，在表现时至少要有四个步骤才可表现出它的质感和变化。第一遍中灰平涂，第二遍深灰处理色调变化，然后用黑色处理暗部，最后用彩铅表现环境色。漫反射的哑光漆、丝织物或壁纸等，三个步骤即可：深灰—黑色—环境色。

4. 玻璃的表现

　　玻璃在空间设计中经常出现，质感效果有透明的清玻、半透明的镀膜玻璃和不透明的镜面玻璃。

　　在表现透明玻璃时，先把玻璃后的物体刻画出来（注意此时不要因顾及玻璃材质而弱处理玻璃后面的物体）；然后将玻璃后的物体用灰色降低纯度；最后用彩铅淡淡地涂出玻璃自身的浅绿色和因受反光影响而产生的环境色。

　　镀膜玻璃在表现的过程中除了有通透的感觉外，还要注意镜面的反光效果。镜面玻璃表现则要注重环境色彩和环境物体的映射关系，但在表现镜面映射影像时需要把握好"度"，刻画不能过于真实，否则画面会缺乏整体感。

◎透明玻璃表现

◎透明玻璃表现

◎镜面玻璃表现

◎镀膜玻璃表现

◎镜面玻璃表现

5. 光的表现

　　色彩是通过反射光被人眼感知的一种现象。没有光的存在，再好的色彩也无法被人眼感知。人眼所感觉到的色彩是由物体的固有色和光源色两部分综合所生成的。因为有了光影的伴随，色彩在设计当中更具有生命力。在室内建筑空间中，设计师常运用光色表达主题。光分为两类：一是自然光，二是人工光源，两者的合理运用创造出了很多优秀的作品。

　　自然光对室内色彩的影响不大，在自然光下，室内色彩基本显现其固有色，虽然一天当中日光的色温是不断变化的。清晨和傍晚相对于正午来说，光色是偏黄红的，但日光的色温变化不大且相对缓慢延续，所以室内色彩的变化不大。在表现日光时主要是表现物体的暗部色彩和物体的投影，因为这些面的色彩变化较多。往往受光面是一种暖色，暗部和投影有冷、暖的变化(大感觉还是偏冷调)。当然，无论是室外自然光还是室内灯光，所投出的阴影轮廓，一定要注意透视关系。

　　室内灯光的表现主要有三种：灯带、筒灯和娱乐场所的投光灯。灯带表现的步骤是从浅到深晕染，注意每遍叠加色彩反差不要太大。壁灯、筒灯光的表现是第一遍平涂，快干时留出灯光轮廓，其他地方加重。投光灯的光束表现也很简单，发光点区域留白，剩余部分淡淡涂色，然后把光束背景涂重。这和室内光感的刻画用背景重色衬托的方法相一致，也就是说所有的光效果表现都是由深色的背景衬托出来的。

◎壁灯光表现

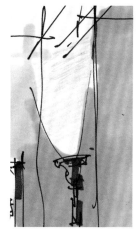
◎壁灯光表现

◎台灯光表现

◎暗藏灯带光表现

◎投光灯的表现

◎筒灯（射灯）光表现

◎透入室内的日光表现

6. 修正液的使用

　　在马克笔表现图中经常会用到修正液。它可以修正画错的结构线和渗出轮廓线的色彩，表现某些物体的高光点时也会用到。修正液不宜大面积使用，但使用得当有时会出现意想不到的效果，如下图中白云的表现。

7. 特殊手法

有时画面也需要尝试一些特殊处理手法，比如下图表现酒吧灯光照射的效果：在着色之前打开笔头，注入大量的溶剂，稍等片刻后快速涂到所要表现的部分，等快干时再同色叠加刻画明暗关系，完全干透后对深色做阴影处理。

8. 重复形体的处理

在空间表现中经常会碰到重复的形体，此时要注意把握每一单元的细微变化。先画出大形体（受光部）的明暗过渡；然后刻画暗部的变化。要做到每一单元都有变化而又不失画面的整体感。

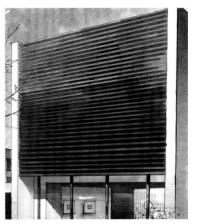

9. 油性笔与水性笔结合

　　由于油性笔颜色外渗性加上笔头较大，很难做细部处理。若与水性马克笔结合使用效果不错，先以油性笔处理大关系，再以水性笔刻画细部。

03

陈红卫手绘表现技法

Chen David Hand Drawing Techniques

室内空间表现与作品

Works of Interior space drawing

一、室内空间表现要素

　　室内设计根据不同的使用性质和环境来划分不同的功能与空间，科学合理地创造出舒适优美、满足人们物质和精神生活需要的室内环境，并让这一空间环境既具有使用价值，满足相应的功能要求，同时又能反映不同的历史文脉、文化品味，营造出不同的精神氛围和艺术内涵。

　　在室内空间的表现中，除了把握空间尺度、透视关系的准确性外，需要表现的室内布置物件和陈设配饰可谓包罗万象、数不胜数，但可大致归纳为功能家具及用品、陈设饰件、配饰植物及小品等几类，这些物件共同组成了室内空间表现的要素。

　　在基础表现训练阶段，可分类做一些单体练习和家具陈设组合练习，例如：不同类型、不同颜色式样的沙发、桌椅、床柜、灯具、布艺织物等。平时还应注意多搜集素材，练习各种式样的陈设饰件、配饰植物及配饰小品的表现技法，在日后的室内空间表现图中，适当地、合理巧妙地配置一些装饰植物和配饰小品，往往能起到调节画面、烘托氛围的辅助作用。

二、室内空间表现
起居室表现步骤

（1）严谨的空间表现，铅笔稿必须走在前面，这样才利于空间结构的准确表达。

在铅笔的乱线条中，用黑色的线笔找出准确的结构。这时要注意远近虚实的关系对比，视觉上远处的物体是虚的，所以远景要少刻画，甚至不刻画它的明暗调子。而近景物体相对要处理得深入些，多些线条刻画明暗关系，使表现对象立体感强烈，结构鲜明。同时还要注意线条的质感表达，硬性质感（如金属、玻璃、石材等）要借助直尺等工具画，柔软的丝织物要徒手画。

（2）空间布色可以整体也可以局部刻画，局部开始画的地方多为空间的设计中心点。着色前要考虑到质感色彩受光照后而产生的变化。图中蓝绿色的玻璃受到天花光源影响而产生下深上浅的效果，深色木质质感除了受到天花光源变化外，还受到了窗外光的影响，因为光滑的质感（如石材、金属、有色玻璃等）有镜面效果。如图中木质上面的竖向留白是映射窗的结构，可先不填色，以多花点时间思考色相。

（3）同种质感不同物体（形体）在空间中要注意通过色彩变化来拉开远近、前后关系，可采用两种手法，即通过深浅变化和色彩纯度变化。如图中隔断处的长形矮柜和近处的茶几。还要注意马克笔的干湿画法，这里主要指两遍的叠加，干画是指加第二遍色时要等第一遍干透，效果是有明显的笔触变化，两遍色有独立效果。湿画是第一遍没干紧接着画第二遍，效果是色彩相溶自然，变化丰富，没有生硬的笔触感。马克笔画法是深色叠加浅色。

（4）空间着色原则是固有色表现，就是说设计的质感是什么颜色就表现什么色彩，可以有色彩明暗、纯度变化（因为会受光的影响），但同受光面不能有色相（冷暖）变化，如本身是暖色质感为了画面效果而画成冷色，就是表现失真，没有把设计的本意表达出来。只有白色在空间表现中可以有冷暖的色相变化，它可以受到光和少许环境色的影响，如图中的单体白色沙发，受光面是暖的，背光面是偏冷的。还要注意投影的变化，第一，投影透视、形状要和物体相符；第二，不能平涂，要有深浅变化；第三，投影色相要和所投到的质感相符，也就是说在质感色上同色相适当加重。

（5）刻画空间景深常有两种方法，一是按透视原理近实远虚；二是中景实远近虚（中景为设计重点时）。本空间表现采用的就是远近虚的手法。参照中景弱处理远近景，始终保持中景的实。天花地面也要注意景深处理多以深浅过渡效果表达，可远深近浅过渡，也可以远浅近深过渡。还要注意的是空间中所出现的明显笔触要按透视和空间结构运笔，但画面中笔触感不宜太多，否则画面会显得不整体。

（6）最后完善空间形体结构，调整设计中的不足（如隔断的木格部分），同时用涂改液修饰错误线型和渗出轮廓线的色彩，还有一些物体的高光等。这里还要注意"简单复杂画，复杂简单画"的原则，如天花结构简单，色相单一，就要注意画出些笔触变化，才能更好地协调统一画面；如复杂的地毯纹理要弱处理，只要一个大感觉效果即可。

三、室内空间表现图的空间感处理

　　室内空间感通常用拉开景深的手法来处理，如色彩冷暖变化、远近虚实变化、明暗过渡变化。

　　以色彩冷暖变化处理空间感是与设计理念紧密相连的，是真实的质感色彩表达。而以远近虚实变化处理空间相对就灵活些，可以近实远虚，也可以远近虚中景实，有时也会注重处理空间中之设计重点，其他结构和物体都弱化。明暗过渡是指光的表现，不同的材质在光的影响下都会产生变化，室内光的效果是固定的，而在日光影响下空间会产生多种变化，这种变化多体现于天花和墙面，在空间感的处理中有远深近浅、远近浅中间深、远浅近深等。

◎以冷暖变化加强空间感

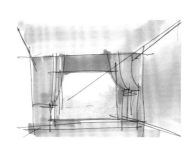

◎远近浅，中间深→

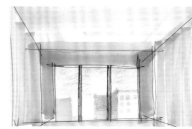

←◎远浅近深

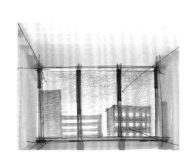

◎远深近浅→

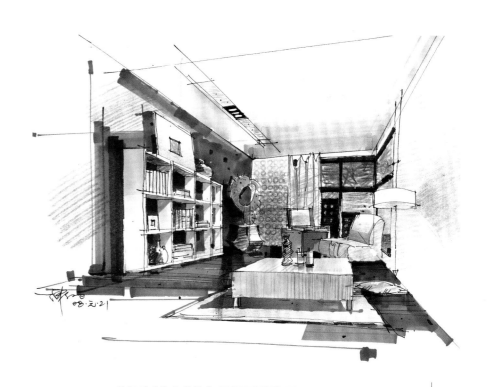

四、室内空间表现作品欣赏

2010.4.26

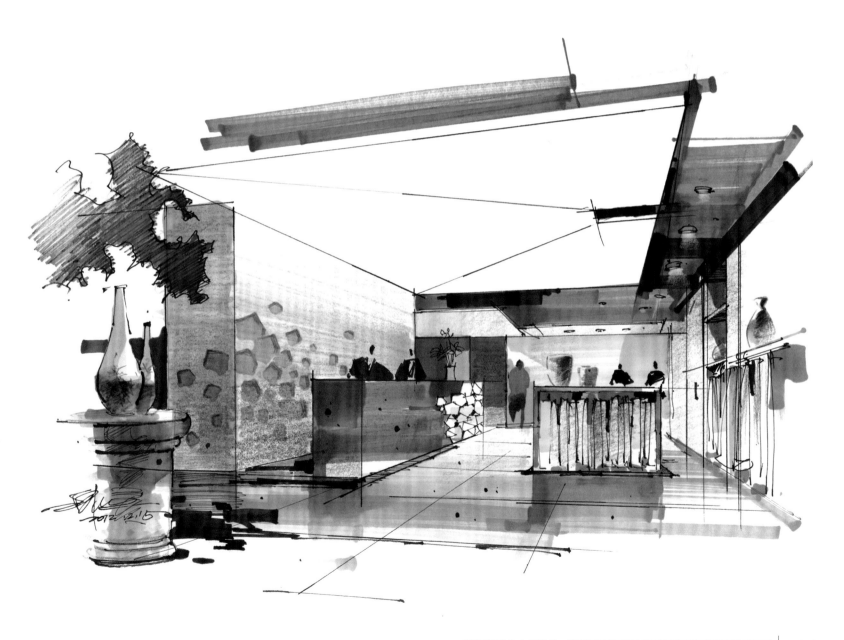

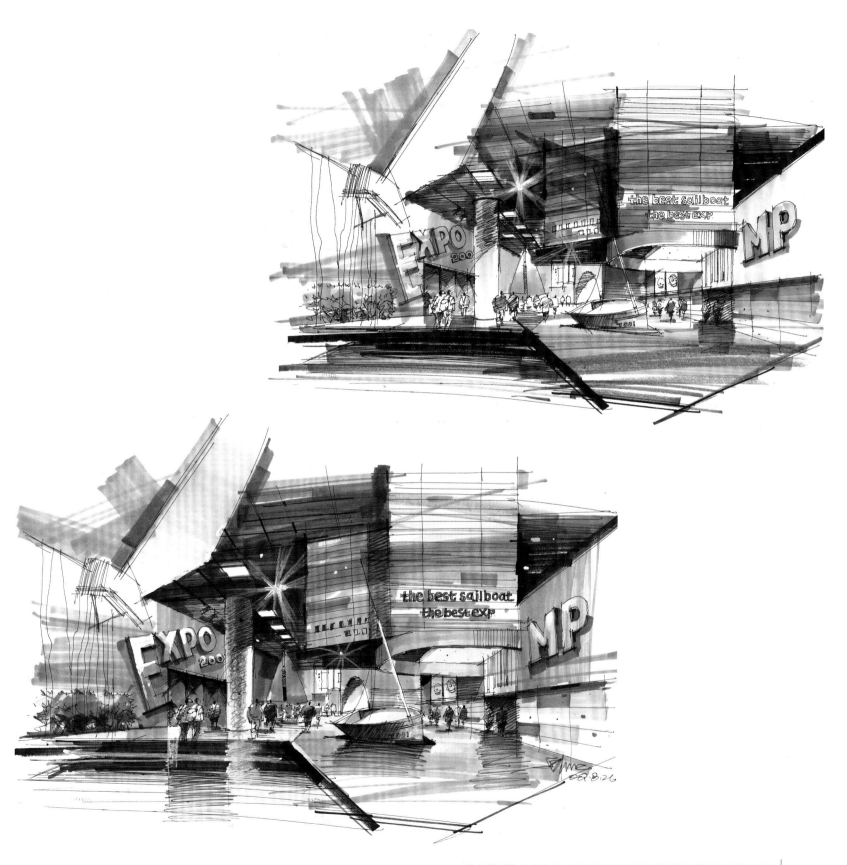

04

陈红卫手绘表现技法

Chen David Hand Drawing Techniques

景观建筑表现与作品

Outdoor landscape expression

一、景观表现组成要素

1. 植物

植物的色彩和质地：深绿色能使空间显得安详静谧，同时会让景物有向后退的感觉，深绿色还可以给鲜艳的花朵和枝叶做背景，强化鲜艳颜色的效果；浅绿色相对来讲明亮轻快，令人愉悦，给人景物向前突进的感觉。植物的质地主要指个体或群体在视觉上的粗细感，这是由植物枝叶的形态决定的。常见的植物大概可分以下几类：落叶型、针叶常绿型、阔叶常绿型。其中针叶树木的质地较细致，阔叶树的质感较为稀疏。了解这些以后，在设计表现中就会知道植物色彩和形状的搭配了。无论植物颜色深浅，在表现时都是从最浅的颜色开始画，然后叠加深入。注意第一遍要画满（包括暗部），并且不要亮部一个颜色，暗部一个颜色。植物也是画面中空间感的关键，远近的空间感可以从植物叶子的色彩纯度和叶子的结构疏密度来表现。有些植物很难用写实的方法表现，比如竹子，其叶子太小很难表现结构，此时只要画出它的明暗关系和随风的动感即可。建议平时多写生不同类型的植物，只有掌握了各种植物的形态，在设计表现中才会得心应手。

2. 草坪

　　表现草坪也要注意它在画面中的虚实空间感，不要远近一个颜色。远处的草坪色彩纯度要弱些，近处的草坪则色彩纯度较高。同时还要表现一些结构，让草坪有厚度感。

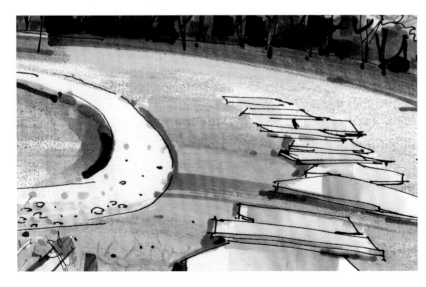

3. 水景

　　水的形态多种多样，或平缓或跌宕，或喧闹或静谧。景物在水中产生的倒影色彩斑驳，具有很强的观赏性。流动的水较难表现，往往用概括的笔法画出水的大概轮廓结构，涂上淡淡的蓝色或留白。静止的水较易刻画，先用浅蓝色铺调子，再糅入些淡淡的绿色，最后用重色（深蓝或深灰）加重暗部。倒影的重色和物体的色系一样，表现石头用深灰或深蓝，植物用深绿、黑色点缀，最后蓝色彩铅调整画面。

4. 地面铺装

地面铺装多以防腐木和石质材料。大面积的石材让人感觉到庄严肃穆，砖铺地使人感到温馨亲切，石板路给人一种清新自然的感觉，水泥则纯净冷漠，卵石铺地富于情趣。防腐木和木地板的表现一样，要有光感的效果；石材也一样，注意笔触的运用，要有明显的笔触交叉体现石材的硬度质感；砖和碎石板则还要注意单元的色度变化；卵石则要概括表现，注意虚实关系，大面积布色后把近处稍作明暗处理即可。

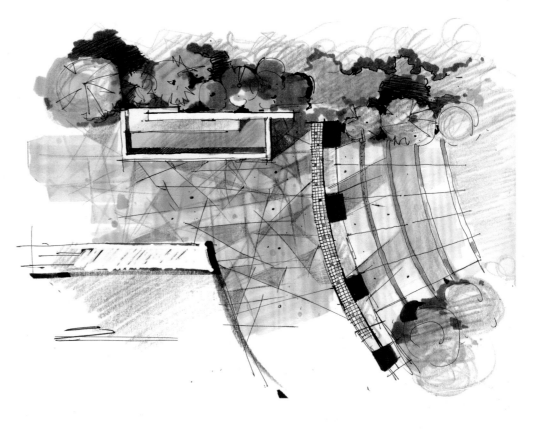

5. 天空

　　在景观效果图中天空的常见表现工具有：彩铅、马克笔、马克笔结合彩铅。根据画面需要选择合适的工具。彩铅表现用得较多，可用于简单排线，刻画云状效果，还可表现强烈的动感。用马克笔表现天空变化比较细腻，以循环重叠、组合点的笔法，用湿画法表现。马克笔结合彩铅主要是调整色彩变化和虚实过渡。

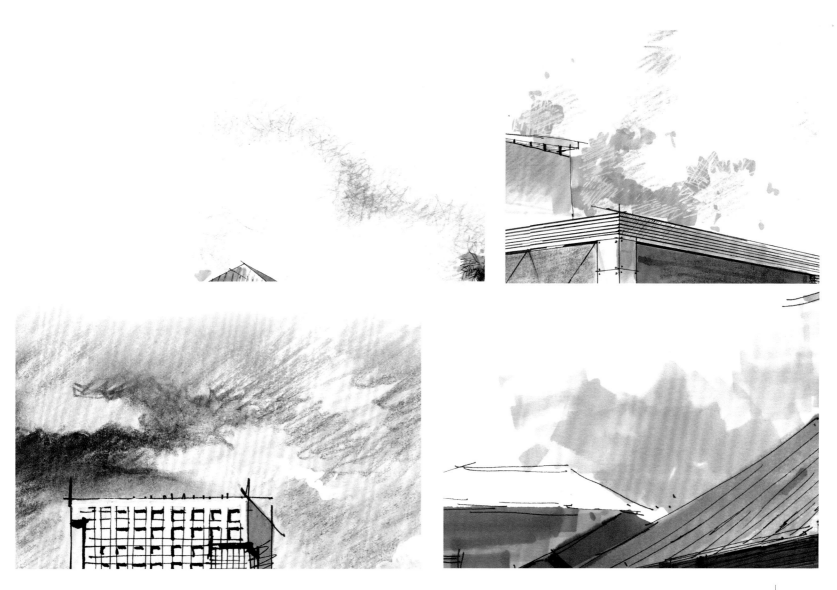

6. 石头、人物和汽车

　　石头在景观表现图里作为配景会经常出现。有用个体单元组合成有功能性、观赏性形体的；也有使用单体造景的。石头的表现至少需要四个步骤完成：浅灰色—中灰—深灰—最后黑色深入。注意每一步的用笔变化，浅灰和中灰之间要以湿画法衔接，这样过渡才自然；后两步要等前面的笔触干透再画，留出明显的笔触可以加强石头硬度的质感。

　　人物和汽车在景观表现图中必不可少。它们可以增强场景氛围，丰富画面效果。平时多临摹，积累一些不同的表现手法和不同姿态形状的素材，以备画面后期电脑处理需要。

DAVID 陈红卫手绘表现技法
CHEN DAVID HAND DRAWING TECHNIQUES

二、景观建筑表现

景观建筑表现步骤

（1）在确定方案后，勾出空间结构透视图，考虑好光和影的位置和变化，以黑白灰的调子简单定位。

（2）可以从任何部位开始着色，第一遍就是铺大色，找大的光影变化，不要刻画细节。更不要拘谨笔触，色彩渗出轮廓线也没关系。

（3）继续铺大色，注意水的色彩变化，因为属于近景，所以色彩尽可能纯些，靠近植物的地方还要有绿色的变化。像远景的山和植物的色彩纯度一定要低，否则就没有空间景深。

（4）近景植物要深入刻画，无论是色彩纯度还是明暗调子，都高于画面中的中景和远景。画植物时要注意它的外形轮廓变化、明暗调子变化和笔触的变化。

（5）大的色彩铺完后就深入到细节刻画，一般从近景或者画面主题开始深入，深入的同时要时刻注意画面的远近虚实关系。

三、景观建筑表现图的空间感处理

景观建筑表现图的空间感除了近大远小的透视效果外，多以近实远虚、明暗对比和色彩纯度变化的手法拉开景深关系。以植物为例，远近关系刻画除了色彩的纯度变化外，光的明暗也有变化，有时会刻意加大明暗对比度，要么远深托近浅，要么远浅托近深。

◎以色彩纯度变化表现植物远近关系

◎远深托近浅表现植物前后关系

◎远浅托近深表现植物前后关系

四、景观建筑表现作品欣赏

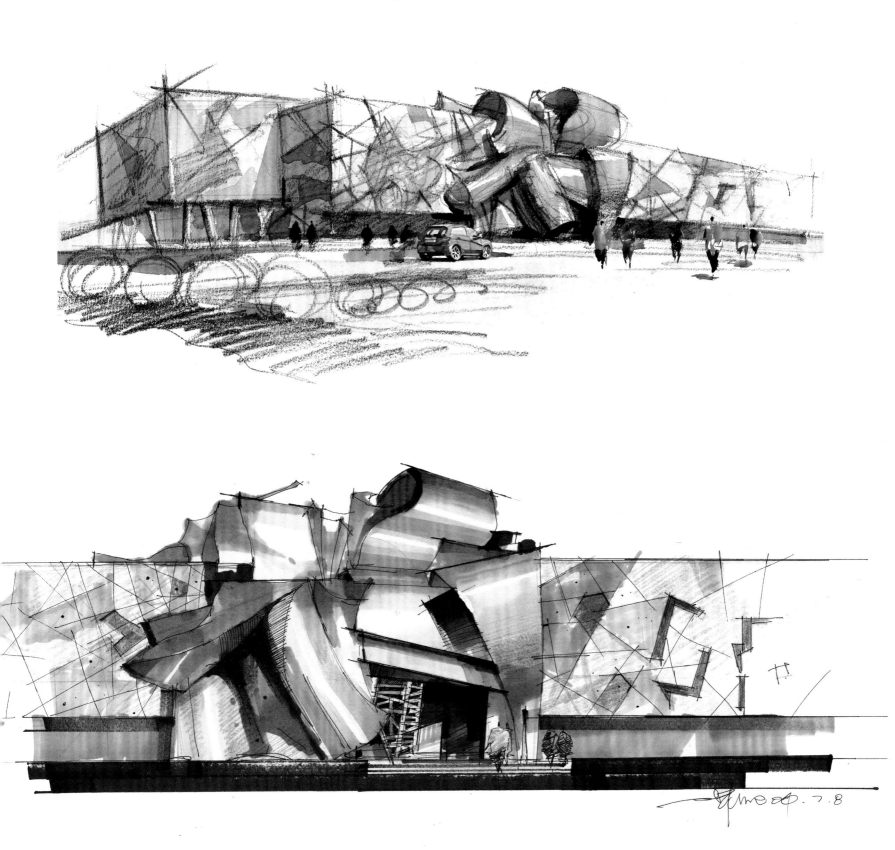

d- levesgh

2016.3.1

05

陈红卫手绘表现技法

Chen David Hand Drawing Techniques

写生作品欣赏

Sketch works

食

THANKS

全球享有盛誉的手绘设计培训基地——庐山艺术特训营 www.ztbs.cn